简约风格

SIMPLE STYLE
HOME DESIGN AND SOFT DECORATION

家居设计与软装搭配

李江军 编

中国电力出版社
www.cepp.sgcc.com.cn

内容提要

本书图文并茂地解析了北欧风格、港式简约风格、现代简约风格、现代时尚风格的风格特点、软装特点和配色特点，再通过大量案例展现了简约风格在家居设计中的应用。内容新颖，案例丰富，既注重不同风格家居的硬装设计细节，同时也指导读者如何利用软装创造出符合美学的空间环境。

图书在版编目（CIP）数据

简约风格家居设计与软装搭配 / 李江军编. -- 北京：中国电力出版社，2017.1
ISBN 978-7-5198-0144-1

Ⅰ. ①简… Ⅱ. ①李… Ⅲ. ①住宅－室内装饰设计 Ⅳ. ①TU241

中国版本图书馆CIP数据核字(2016)第296379号

中国电力出版社出版发行

北京市东城区北京站西街19号　　　100005　　http://www.cepp.sgcc.com.cn

责任编辑：曹　巍　　责任印制：郭华清　　责任校对：郝军燕

北京盛通印刷股份有限公司印刷·各地新华书店经售

2017年1月第1版·第1次印刷

787mm×1092mm 1/12·15印张·312千字

定价：58.00元

P 前言
Preface

在设计越来越被重视和发展的今天，越来越多的风格被发展出来，每一种风格都有各自的特点和适合的人群。对于业主来说，了解和选择家居设计风格是开启新家装修的第一步，只有翻阅和学习不同风格类型的装修案例，才能启发灵感，找到自己心中描绘的新家蓝图；对于设计师来说，寻找适合的设计风格是和业主进行深度交流的开始，只有充分了解业主所喜欢的装修风格特点，才能进行材料选择、色彩搭配以及设计造型等下一步工作。

在诸多家居风格中，简约风格是将设计的元素、色彩、照明、材料简化到最少，在结合和造型的应用上也都以简单实用为主，是目前最受欢迎的经典居家风格；欧式风格注重居家品位，其关键点是细节上的用心精致，让奢华从细枝末节中自然流露，完美诠释轻奢风尚。

本书编委会精选了国内顶尖人气设计师的海量最新家居案例，把这些平时轻易不公开的珍贵设计资料分门别类，方便读者检索查找。丛书分为两册，其中《简约风格家居设计与软装搭配》图文并茂地解析了北欧风格、港式简约风格、现代简约风格、现代时尚风格的风格特点、软装特点和配色特点，再通过大量案例展现了简约风格在家居设计中的应用；《欧式风格家居设计与软装搭配》图文并茂地解析了简欧风格、欧式古典风格、新古典风格、法式风格、英伦风格的风格特点、软装特点和配色特点，再通过大量案例展现了欧式风格在家居设计中的应用。

本套丛书内容新颖，案例丰富，既注重不同风格家居的硬装设计细节，同时也指导读者如何利用软装创造出符合美学的空间环境，不仅是每位室内设计工作者的案头书，对装修业主选择适合自己的装修风格也具有同样重要的参考和借鉴价值。

C目录
Contents

简约家居软装风格解析

简约风格强调的是"时尚""实用"的家居设计理念。简约不仅是说装修，还反映在家居配饰上。简约是创新后的思路延伸，而不是简单的"堆砌"和平淡的"摆放"。简约就是简单而有品位。这种品位体现在设计细节的把握上，每一个细小的局部和装饰，都要经过深思熟虑。目前，国内比较广泛流行的简约风格有北欧风格、港式简约风格、现代简约风格和现代时尚风格。

北欧风格

↘ 风格特点

北欧风格家居的特点是浅淡的色彩、洁净的清爽感，让居家空间得以彻底降温。北欧风格以简洁著称于世，并影响到后来的"极简主义""后现代"等风格。反映在家庭装修方面，就是室内的顶、墙、地六个面，完全不用纹样和图案装饰，只用线条、色块来区分点缀。这种风格反映在家具上，就产生了完全不使用雕花、纹饰的北欧家具。北欧风格家居的另一个特点是材质上的精挑细选，工艺上的尽善尽美，回归自然，崇尚原木韵味，外加现代、实用、精美的设计风格。其古朴、时尚、简洁、精湛的人本主义设计思想，充分体现了北欧人对生活的理解。这种人本主义的态度也获得了全世界的普遍认可，从"宜家家居"在中国的火爆就能看出。

↘ 配色特点

在家居色彩的选择上，偏向浅色，如白色、米色、浅木色。白色常常作为主色调，而鲜艳的纯色只是作为点缀在局部使用；或者以黑白两色为主调，不加入其他颜色。此外，棕、灰和淡蓝等颜色都是北欧风格装饰中常使用到的点缀颜色。北欧风格色彩搭配之所以令人印象深刻，是因为它总能获得令人视觉舒服的效果。

↘ 软装特点

北欧风格的布置重点，体现在家具的选购、色彩及布品的搭配、协调的技巧上。在窗帘、地毯等软装搭配上，材质方面大多是自然的元素，如木、藤、纱麻布品等天然质地。北欧家居中，客厅通常会有一个壁炉，而卧室等空间有时也会有壁炉，它们通常位于房间不显眼的某个角落。

北欧家具以简约著称，具有很浓的后现代主义特色，注重流畅的线条设计，代表了一种时尚、自然、现代、实用、精美的艺术设计风格。同时沿袭北欧家具一贯的特征：精练、简洁，线条明快、造型紧凑。实用和接近自然是北欧现代家具的两个主要特点。北欧人强调简单结构与舒适功能的完美结合，即便是设计一把椅子，不仅要追求它的造型美，更注重从人体结构出发，讲究它的曲线如何与人体接触时完美地贴合在一起，使其与人体协调，倍感舒适。

港式简约

↘ 风格特点

香港的室内设计潮流多以现代为主，现代港式风格不仅注重居室的实用性，而且符合现代人对生活品质的追求，其装饰特点是讲究运用直线造型，注重灯光、细节与饰品，不追求跳跃的色彩。在港式风格装饰中，经常会出现餐厅与客厅一体化或者开放式卧室的设计。简约与奢华是通过不同的材质对比和造型变化来进行诠释的。如果觉得这种过于冷静的家居格调显得不够柔和，就需要有一些合适的家居饰品进行协调、中和。

↘ 配色特点

港式家居设计大多采用黑、灰、白等内敛色调，并以金属色为辅色来营造金碧辉煌的豪华感，简洁而不失时尚。由于室内总体色调偏向冷静，所以在软装方面可以选用色彩比较鲜艳的家具或配饰去协调，减少居室的灰暗和沉闷感。

↘ 软装特点

一般现代港式家居的沙发多采用灰暗或者素雅的色彩和图案，所以抱枕应该尽可能地调节沙发的刻板印象，色彩比沙发本身的颜色亮一点即可。

港式风格的灯具线条一定要简单大方，切不可花哨，否则会影响整个居室的平静感觉。另外，灯具的另一个功能是提供柔和、偏暖色的灯光，让整体素雅的居室不会有太多的冰冷感觉。

港式家居的床上用品可以运用多种面料来实现层次感和丰富的视觉效果，比如羊毛制品、毛皮等，高雅大方。要体现港式风格，在餐具方面应选择精致的瓷器、陶艺，色彩和造型也不妨丰富一些。

现代简约

↘ 风格特点

现代简约风格以简洁的视觉效果营造出时尚前卫的感觉，体现出合理节约的科学消费观。现代简约风格在设计上强调功能性，更追求材料、技术、空间的表现深度与精确度，主张运用最少的设计语言，表达出最深的设计内涵。在满足功能需要的前提下，以色彩的高度凝练和造型的极度简洁，将空间、人及物进行合理精致的组合，因此，简约的空间设计往往能达到以少胜多、以简胜繁的效果。

摒弃传统的陈旧与浮华，现代简约风格多半运用新材料、新技术、新手法，与人们的新思想、新观念相统一，达到以人为本的境界。简洁并不是缺乏设计要素，而是一种更高层次的创作境界。在室内设计方面，它体现的不是对传统的放弃和随意更改，而是在现代简约设计上更加强调功能。

↘ 配色特点

在现代简约风格装饰中，颜色的搭配主要以明快、有活力的颜色为主。黄色、橙色、白色、黑色、红色等高饱和度的色彩是现代风格中较为常用的几种色调，这些颜色大胆而灵活，不单是对简约风格的遵循，也是对个性的展示。
另外，现代风格的色彩设计受现代绘画流派思潮影响很大，通过强调原色之间的对比协调来追求一种具有普遍意义的永恒的艺术主题。

↘ 软装特点

现代简约风格的主要装饰要素为金属灯罩、玻璃灯、高纯度色彩、线条简洁的家具、合适的软装。金属是体现简约风格最有力的手段。各种不同造型的金属灯，都是现代简约派的代表产品。

简约装修同样需要挑选精品，注重细节的精巧，而不是简单的拼凑。因为空间的纯粹注定了人们对物品、家具的一目了然，于是，物品与家具便显得最为突出，包括款式、质地、颜色。否则，完美的简约主义会随之走样，造成不伦不类的结局。

现代简约风格家具强调功能性设计，线条简约流畅，色彩对比强烈。由于线条简单、装饰元素少，现代简约风格家具需要完美的软装配合，才能显示出美感。软装到位是现代风格家具装饰的关键。在家具配置上，白亮光系列家具，独特的光泽使家具倍感时尚，具有舒适与美观并存的享受。在配饰上，黑、白、灰的主色调，以简洁的造型、完美的细节，营造出时尚前卫的感觉。

现代时尚

↘ 风格特点

现代时尚风格家居一向以简约精致著称，并且使用新型材料和新工艺结合，追求充满个性的空间形式和结构特点。

现代时尚风格的特点是对于结构或机械组织的暴露。多使用不锈钢、大理石、玻璃或人造材质等工业性较强的材质，以及强调科技感或未来空间感的元素。家用电器为主要陈设，构件精致、细巧。室内艺术品均为抽象艺术风格，散发着夸张、奢华、时尚的后现代气息。无论房间多大，一定要显得宽敞。不需要烦琐的装饰和过多家具，在装饰与布置中最大限度地体现空间与家具的整体协调。造型方面多采用几何结构。

↘ 配色特点

现代时尚风格家居的空间，摒弃单调的黑、白、灰，大量运用红色、黄色、蓝色、绿色等高纯度的颜色，使空间变得更加生动。在现代风格的设计中，过多的颜色会给人以杂乱无章的感觉，多使用一些纯净的色调进行搭配，这样无论家具造型还是空间布局都会给人耳目一新的感觉。

↘ 软装特点

简单的线条是现代时尚风格家居中最常见的，能打造出一个舒适简单的家居空间。塑胶制成的桌椅，造型棱角分明。皮质沙发组合，造型独特。这些元素共同组成了充满时尚气息的家居。在灯具方面，多搭配以几何图形、不规则图形的现代灯等创意十足，具有时代艺术感的灯具。现代时尚风格要体现简洁、明快的特点。在选择窗帘时可选用棉、麻、丝等材质，保证窗帘自然垂地的感觉。窗帘颜色的选择可以相对大胆一些，但为了不破坏整体感觉，可以考虑选择条状图案来代替花纹较多的图案。选择床品的款式和色彩时，以简洁为主。在工艺饰品的选配上，要突出时尚新奇、现代感强的特点。

 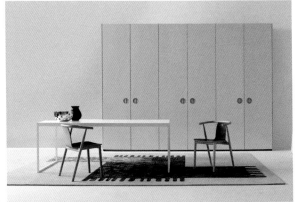

简约家居软装案例解析

客厅

现代简约风格的客厅布置要点

现代简约风格客厅的特点是简洁实用。这类客厅不需要烦琐的装潢和过多家具，在装饰与布置中最大限度地体现空间与家具的整体协调，色彩对比强烈，造型方面多采用几何结构。由于线条简单、装饰元素少，所以现代风格家具需要适当的软装配合，才能彰显出优质美感，如沙发靠垫、窗帘、地毯等。

一般常用到的空间视觉扩大方式基本上都是利用色彩的布置或者利用空间视觉差来达到的，有以下几种具体的实施方法：

1. 设计上要学会留白，适当的留白也能扩大客厅的视觉感。

扩大简约风格小户型客厅的空间感

大面白色沙发墙给空间带来开阔感

2. 家具式样要简单、小巧（比如，不要选择三人沙发，而选择两人沙发；在沙发式样方面，不要选择密封式的，最好选择露出沙发脚的），因轻巧灵便的家具占用空间较小，在视觉上有一种空间扩大的感觉。

圆形白色茶几给人以灵动感

轻巧的家具组合给人以空间放大的错觉

3. 可以在墙上安装镜子。镜子不仅能使居室光线明亮，而且还可使房间显得格外宽敞。空间不大的客厅，如果利用镜面和玻璃的反射作用，在侧墙安装镜子，视觉上就感到所处空间扩大了许多。

利用沙发墙上的镜子反射光线扩大空间感

4. 色调尽量明亮简洁，避免深色的颜色搭配。深色会让居室显得更加压抑昏暗，明亮的浅色系能有效起到提亮居室光线的效果，让客厅视野显得开阔。

明亮的浅色提亮客厅的光线

5. 选择一幅以海洋或森林为题材的油画或水彩画作装饰，也能淡化小空间的压抑感。

浓墨重彩的抽象画成为客厅的视觉焦点

意境深远的装饰画可以淡化小空间的压抑感

利用镂空隔断墙分隔空间

在小户型的居室中，为了不影响空间的通透性，可以考虑在两个功能区之间采用一个镂空半敞开式的隔断墙，既满足了空间分区，又不会让空间瘦身。而两边的家具和饰品能形成呼应的话，效果则更理想。

利用吊顶设计改善户型缺陷

调整层高

层高过低的缺陷影响着业主的居家生活便利和舒适程度，设计时可利用吊顶造型进行改善调节。例如用石膏板做四周局部吊顶，形成一高一低的错层，既起到了区域装饰的作用，又在一定程度上对人的视线进行了分流，形成错觉，让人忽略了层高过低的缺陷。也可采用石膏板加角线混搭的方法，即在阴角部分进行单层或双层石膏线的叠加，并在中间处嵌入墙纸、不同材质的雕刻等装饰手法，既丰富了房间的层次感，又起到了拉升空间的作用，是欧式风格中常用的手法。

四周局部吊顶的方法可以让层高在视觉上显得更高

局部吊顶加隐藏式灯槽的设计形式

修饰横梁

房屋本身会有一些横梁，而且有时候一些梁的位置会比较尴尬，在客厅的正上方。像这种情况的话，可以在梁的周围再添加几根一样高度的假梁，按空间的大小做成井字形，这样既美观，又弱化了横梁的存在。

井字形的吊顶形式

局部吊顶弱化横梁存在感

TIPS

利用吊顶修饰横梁

很多横梁的修饰需要通过局部吊顶来实现，但很多业主对吊顶比较排斥，认为吊顶会增加装修费用，而且会造成房间高度变低、显得压抑。实际上，只有依照横梁的高度整体吊平才会致使房间高度降低，而大部分修饰横梁的吊顶方案都采取的是局部吊顶方式，业主不用过于担心房高。专业设计师会利用吊顶使空间变得富有层次感，吊顶后，再通过灯光的配合，局部的低，有时反而会显现出整体的高度来。

利用玻璃隔断分隔功能区

简约时尚的客厅设计中会经常用到钢化玻璃作为空间的隔断，起到隔而不断的视觉
效果，增强空间感。但注意在选择钢化玻璃时，应考虑其尺寸是否便于上楼，如果
规格太大，可以在设计的时候考虑化整为零。

利用设计改善客厅墙体缺陷

改善电视墙上的门洞缺陷

在原始户型结构中，如果电视墙上出现门洞，运用隐形门的设计既能让电视墙面形成一个完整的视觉效果，同时也保留了空间结构上门的作用。这种隐形门通常做成电视或沙发背景墙的一部分，用各种造型把门掩盖在墙中，让人看不出来。隐形门的色彩一般以淡色或者木色为主，造型上以条状、块状装饰为主，这与门的形状有关，因为条状与块状可以更好地将门隐藏起来。材料以石膏板、墙纸、硅藻泥、手绘和软包居多。

软包材质的隐形门成为墙面装饰的一部分

隐形门的处理让电视墙面得以保持完整

改善电视墙偏矮的缺陷

有些老公寓房的层高在2.6米以下，即使不做吊顶，墙面也会显得比较矮。首先，层高偏矮的电视墙不适合混搭多种材质进行装饰，单一材质的饰面会让墙面显得开阔不少。其次，设计时可以巧用视错觉解决一些户型本身的缺陷。例如，在相对狭小和不高的空间中，在电视墙上增加整列式的垂直线条，可以有效地让居住者感受到空间被"拔高"了。

竖向排列的护墙板提升视觉层高

不做吊顶加竖向排列的墙面造型改善层高压抑的缺陷

巧妙运用镜面元素放大空间

在相对较小、较封闭的空间中，巧妙地运用反射类材质能够很好地起到延伸视觉空间的作用。常见的有镜子、不锈钢和铝塑板等。在设计的时候要尽量避免对着光线入口处而产生眩光，同时，这类材质多用于墙体表面，要用其他材料进行收口处理。

增加开阔感的两种电视墙设计方法

电视机嵌入墙面

将电视机嵌入背景墙里，会在视觉上给予统一感，对于小空间而言，也会更显开阔。但安装时注意电视机后盖和墙面之间至少应保持 10 厘米左右的距离，四周一般需要留出 15 厘米左右的空间。此外，如果想把电视机嵌入墙面，需要提前了解电视机的尺寸，同时还要注意机架的悬挂方式，事先留出电视机背面的插座空间位置，这样才不会在安装时出现电视机嵌不进去或插座插不上的问题。

电视机嵌入墙面需事先留出插座空间位置　　　　　　　　　　　　　　　电视机嵌入墙面令整个客厅更显简洁

悬挂式电视柜

在当前流行时尚简约的大环境下，越来越多的家庭放弃选择那种复杂的立式电视柜，转而选购悬挂式电视柜。这类电视柜最大的特点就是悬空，悬挂在墙上与背景墙融为一体。更多的时候，悬挂式电视柜的装饰性超过了实用性。有些悬挂式电视柜还兼具收纳柜的作用，既节省了空间，又增加了储物功能。但悬挂式电视柜由于其空间特性使得承重量不如立式电视柜，因而在悬挂式电视柜上最好不要摆放过多的饰品或者杂物，尤其是大电器。

现场制作的悬挂式电视柜　　　　　　　　　　　　　　　　　　　悬挂式电视柜具有很好的装饰性

乳胶漆墙面经济环保

一般刷乳胶漆前要先把原毛坯墙上的涂料铲除，这样后期刷上去的乳胶漆和墙面的黏合度会更高，不容易产生脱落和空鼓的现象。乳胶漆施工时应先刷一遍界面剂，有裂缝的地方要贴上胶带并压紧，然后刮三遍腻子，进行打磨，再刷上底漆和面漆，统称"三底两面"。

客厅收纳柜的设计方法

很多业主都觉得自己的客厅很凌乱，书报杂志、遥控器、零食、小孩玩具等杂物随处可见，空间总是不够用。可以针对客厅的形状定制一个落地的收纳柜最大化利用墙面，隐藏收纳，既省时又省力。

定制收纳柜是小户型客厅实现储物功能的最佳选择

在客厅中增加一面书柜

设计时首先要安排好收纳柜中不同格子的尺寸大小；其次，整体的柜面设计要有藏有显，错落有致；最后，在兼顾客厅家具色调的同时，收纳柜最好选用浅色的板材，这样可以减少整个柜面带来的压抑感。

嵌入式的收纳柜则是小户型客厅最钟爱的设计，也十分节省空间。不过这种设计适用于比较深一点的墙体，这样才可以保证嵌入式收纳柜里面有足够的空间。设计时，如果想隐蔽柜体空间的话，建议选用和墙壁相似颜色的材质，可以使得墙面看起来和谐流畅。

客厅的收纳柜最好选择白色或者原木色

收纳柜中的格子大小要事先设计好

简约风格的客厅吊顶设计

简约装修风格中最常见的就是客厅四周根据房屋大小设计的平面直线吊顶，同时运用反光灯槽和射灯作为辅助光源。这种设计常见于90平方米左右的中小户型。吊顶通常设计在电视墙一边、或者过道、沙发背景墙、电视墙等三边。还有一种吊顶，在100平方米以上的大户型装修中比较常见，就是将客厅的整个平面进行吊顶处理，主要以射灯来进行照明，取消主灯的设置。

利用沙发墙增加收纳的两种设计方法

搁板还可以打破白墙的单调感

搁板上摆放相框富有装饰感

安装搁板

形形色色的搁板受到很多年轻业主的喜爱，但注意沙发背景墙上的搁板不能太多，放置的物品也要注意别太杂乱，因为毕竟搁板是一个开放式的储物空间。相同尺寸、色彩和谐的书本，精致的小摆件，富有垂挂感的绿色植物等都会是搁板的最佳搭档。如果是成品搁板，在装修时一定要提前考虑好所需要的款式和尺寸，留下足够的空间来安装搁板。如果是由木工制作的搁板，因为很难再移动，所以一定要事先想好家具的摆放。

定做吊柜

如果客厅面积有限，想在沙发背景墙上做吊柜增加储物功能，首先应考虑柜体边缘会不会撞到头；其次直接在沙发上方定做吊柜时，选用后靠背沙发更加安全，可以避免磕碰。如果深度足够，可以在沙发与背景墙之间留有走路的通道，将整面墙都做成具有装饰功能的收纳柜。柜体可以选择浅淡的色彩，融入整体墙面中，再搭配深颜色的沙发、颜色突出的地毯，就能压住空间。对于小空间来说，不建议把柜体做成深色的，这样容易增加空间的压抑感。

沙发上的吊柜增加了小户型的收纳功能

吊柜中嵌入镜面增加视觉空间

合理控制好光带的光槽口高度

装修中有很多主灯都只是起到装饰作用，真正照明需要用到光槽的光源。需要注意的是，如果用光带进行照明的话，要求控制好光槽口的高度，不然光线很难打出来，自然也会影响到光照效果。

简约风格客厅搭配家具

客厅是表现风格的中心，而沙发是客厅最主要的家具，现代简约风格最求简单，选择一款造型简洁、线条感强的沙发通常是打造简约风格的主要手法。客厅沙发可选颜色众多，白色与米色是最为百搭的两种颜色。素色沙发不怕风格被局限，只要简单搭配一些装饰品或墙饰，就能变换风格；时尚印花或鲜明的花草图案沙发，容易局限客厅的风格，但打破规则也没关系，只是沙发的花色必须有趣活泼，而且图案要耐脏，或是用垂直条纹的沙发拉长、放大客厅的空间感。

米色沙发是简约风格客厅中最常见的选择

印花沙发给客厅增加时尚感

玻璃茶几

金属、简约线条和玻璃是简约风格客厅里面常见的元素，所以在沙发的配套茶几上选择纯玻璃、玻璃配上金属、木质配上金属结合的都不错。若是摆在单人沙发之间的，可选购小茶几；摆在双人沙发、三人沙发之前的，可选购大茶几；如果沙发是靠墙角、成夹角摆放的，可在两只沙发扶手之间、紧靠墙角放一个方形的茶几，以充分利用空间。

此外，简约风格家具需要适当的软装配合，才能彰显出优质美感。如沙发靠垫、窗帘、地毯等配饰，多样的软装能为简约风格的客厅加分，也让它更能体现出独特的个性喜好。

运用软装为客厅增彩

沙发抱枕也是客厅不可少的元素

利用墙绘装饰客厅背景墙

墙纸的花纹太死板，这时候可以考虑采用墙绘的形式在墙面上画上自己心仪的图案。一般只建议背景墙或某面比较显眼的墙面采用，不建议四面墙都用，这样整个空间会比较花。做墙绘前，可以用乳胶漆先刷个喜欢的颜色作为底色，然后再请专业人士作画。注意做墙绘前乳胶漆面层一定要干透。

简约风格中小户型客厅的家具布置形式

在中小户型家居中，客厅的面积通常在 15 平方米左右。沙发是客厅的主角，也是客厅里面占据空间最多的家具，因为面积有限，空间小的客厅一般以实用性和流畅性为主，所以不需要选择整套的沙发，简单一张三人或者两人沙发，配合一张灵活的单人座即可。因为此类客厅的空间不算很大，那么就无法摆放太多的桌几，茶几和角几选择其一摆放即可，这样可以创造更多空间。也可以考虑具有收纳功能的桌几，一举两得。

一字形布置

一字形沙发布置给人以温馨紧凑的感觉，适合营造亲密的氛围。一般将客厅里的沙发沿一面墙摆开呈一字状，前面放置茶几。这样的布局能节省空间，增加客厅活动范围。

三人沙发旁放一个坐墩或单人椅是小户型客厅常见的布置形式

一字形沙发布置可以给客厅节省不少空间

L 形布置

L 形沙发布置也是简约风格客厅家具常见的摆放形式，适合长方形、小面积的客厅内摆设。而且这种方式有效利用转角处的空间，比较适合家庭成员或宾客较多的家庭。先根据客厅实际长度选择双人、三人或多人座椅，再根据客厅实际宽度选择单人、双人沙发或单人扶手椅。

L 形沙发较短的一边通常靠墙

L 形沙发可以有效利用转角处的空间

简约风格的客厅地面颜色宜与墙面协调

简约风格的客厅里，无论是铺设地砖还是木地板，颜色和花色都有很大的挑选余地，但是对于地面的颜色选择，还是要考虑到与墙面和家具的颜色的协调性。通常应该选择明度与墙面或家具相同或稍低的地面颜色，从而为家居环境创造出一种踏实、沉稳的感觉。

客厅沙发的布置技巧

许多家庭装修时常见的做法是先装修电视墙，然后再把沙发放在对面，这时可能出现沙发摆放受到房间尺寸的限制，造成观影效果不佳的情况。因此，装修时需先摆好沙发，这样电视机的位置也就轻松确定了，再由电视机的大小确定电视墙的造型。同时可以根据沙发的高低确定壁挂电视高低，减小了观影时的疲劳感觉。一般电视墙距离沙发 3 米左右，这样的位置是正适合人眼观看的距离，进深过大或过小都会造成人的视觉疲劳。

增加会客氛围的沙发布置形式

沙发距离电视墙 3 米左右是最佳位置

很多业主喜欢将主沙发靠墙摆放，所以在挑选沙发时，就可依照这面墙的宽度来选择尺寸。沙发的宽度不要超过背景墙，也不能刚刚好，应该占据墙面的 1/3 至 2/3，这样的空间整体比例最舒服。例如背景墙的宽度是 5 米，就不适合只放 1.6 米的两人沙发，当然也不适合放到满，会造成视觉的压迫感，并且影响到业主行走的动线。如果客厅空间过小，可以只摆入一张一字形主沙发，那么沙发两旁最好能各留出 0.5 米的宽度来摆放边桌或边柜，以免形成压迫感。

沙发的布置需要留出合理的动线

主沙发靠墙摆放

客厅地面材质选择

大多数客厅地面一般都选择玻化砖，因为它耐磨、明亮、易清洁。也有些业主喜欢用仿古砖，因为仿古砖色彩丰富，体现个性，但颜色往往比较重，清洗也有一定的难度。最好不用石材，因为石材不但成本高、色彩单一，而且大多具有放射性，表面光洁度和耐磨度也很低。

黑白色在简约风格客厅中的应用

大面积白色中运用黑色作为点缀装饰

黑白色是最基本和简单的搭配，灰色属于万能色，可以和任何色彩搭配，也可以帮助两种对立的色彩和谐过渡。

简约风格客厅经常使用黑色与白色搭配，注意在使用比例上要合理，分配要协调，过多的黑色会使家失去应有的温馨；大面积铺陈白色装饰，以黑色作为点缀，这样的效果显得鲜明又干净。

TIPS

一般来说，黑白装饰的功能区域以客厅、厨房、卫浴间为多，卧室还是少用黑白装饰为好。此外，黑白色的装饰可以在室内点缀一点跳跃的颜色，这些多是通过花艺、工艺饰品、绿色植物等配饰来完成的。

纯粹以黑白为主题的家居也需要点睛之笔。不然满目皆是黑白，沉默无表情，家里就缺少了许多温情。黑白色客厅要注意布艺、灯饰、家具、饰品应尽量选择一些柔软的材质做调和搭配，如木质家具、墙纸、布艺等软装饰，不可再选择玻璃、钢等硬性材质，不然会使家的氛围变得生硬而冷漠，缺乏温馨感。另外，适当运用一些曲线条的饰品也可以柔化黑白风格的冷硬。

橘色沙发给黑白灰的客厅增加暖意

利用亮色的抱枕与装饰画点缀黑白色的客厅空间

客厅电视墙灯光照明设计

电视墙最好采用隐蔽光源，在收看电视时，有柔和的反射光作为背景照明就可以了，若是强光照射电视机，容易引起眼睛疲劳。电视墙周边的辅助照明灯过多过杂，看电视时会干扰视线并转移人的注意力，实用性不强，建议减少到最低限度。

软装提亮颜色单调的硬装

相对于硬装修一次性、无法回溯的特性，软装可以随时更换，更新不同的元素。一般软装在整个空间起到画龙点睛的作用。当硬装的整体比较素雅和沉闷时，就可以采用一些色彩艳丽的软装小饰品点缀其间，打破沉闷，提升整个家居的质感。

客厅布置装饰画的技巧

客厅装饰画可以根据空间大小来定，大客厅可以选择尺寸大的装饰画，从而营造一种宽阔、开放的视野环境；小客厅可以选择多挂几幅尺寸小的装饰画作为点缀，三联画的形式是一个不错的选择。装饰客厅沙发墙面时，如果挂单数的一组画，在视觉上会比较协调，同时空间也会显大。另外，装饰画的宽度最好略窄于沙发，可以避免头重脚轻的错觉。

三联画的形式是简约风格客厅的常用选择

面积较大的客厅可采用大幅装饰画

沙发旁边的书柜、壁柜、落地灯或是窗户都可作为挂画的参考。比如，参考书柜的高度和颜色，可选择同样颜色的画框，挂画高度与书柜等高，让墙面更具有整体感。装饰画的颜色和客厅的主体颜色相同或接近比较好，颜色不能太复杂，中性色和浅色沙发适合搭配暖色调的装饰画；红色等颜色比较鲜亮的沙发适合配以中性基调或相同、相近色系的装饰画。也可以根据自己的喜好选择搭配黑白灰系列的线条流畅、具有空间感的平面画。

深色墙面宜用白色相框形成对比

装饰画的颜色需要与其他软装相呼应

TIPS

画框是装饰画与墙面的分割地带，合适的画框能让欣赏者的目光恰好落入画框设定好的范围内，不受周围环境影响。一般来说，木质画框适合于水墨国画，造型复杂的画框适用于厚重的油画，现代画选择直线条的简单画框。如果画面与墙面本身对比度很大，也可以考虑不使用画框。在颜色的选择上，如果想要营造沉静典雅的氛围，画框与画面使用同类色；如果要产生跳跃的强烈对比，则使用互补色。

电视墙采用木地板装饰

木地板本身是用来铺贴地面的，一般都有凹凸槽，所以用来装饰电视墙的时候就会产生接缝或者不卡口的问题。建议在施工时最好先铺贴一层木工板打底，使墙面平整以后再用胶水把地板粘在上面。此外，地板也可以拼贴成各种图案。

亮色起到点睛作用

如果居室属于黑、灰、深蓝等较暗沉的色系，那最好搭配白、红、黄等相对较亮的软饰品，而且一定要注意搭配比例，亮色只是作为点缀提亮整个居室空间，所以不易过多或过于张扬，否则只会适得其反。

简约风格客厅布置装饰摆件

装饰摆件在每一个客厅中都是必不可少的元素，体积虽小，但能起到画龙点睛的作用。室内家居有了工艺饰品的点缀，才能呈现更完整的风格和效果。

材质选择

对于简约风格客厅来说，常用摆件材质有玻璃、树脂、陶瓷三类。玻璃摆件的特点是玲珑剔透、晶莹透明、造型多姿，还具有色彩鲜艳的气质特色。树脂摆件可塑性好，可以任意被塑造成动物、人物、卡通等形象，几乎没有不能制作的造型，而且在价格上非常具有竞争优势。陶瓷摆件大多制作精美，即使是近现代的陶瓷工艺品也具有极高的艺术收藏价值。但陶瓷属于易碎品，平时家居生活中要小心保养。

陶瓷摆件

玻璃摆件

树脂摆件

摆设技巧

在摆设饰品时首先要考虑到颜色的搭配，和谐的颜色会带给人愉悦的感觉。硬装的色调比较素雅或者沉闷的时候，可以选择一两件颜色比较跳跃的单品来活跃氛围。但注意使用亮色的饰品来装扮客厅空间，很多时候不需要大面积的铺陈，只要恰到好处的点缀，就能打造出足够惊艳和舒适的空间效果。其次，客厅摆设品的数量不应太多。饰品的作用只是起到点缀的作用，数量过多的话会使整个空间看起来比较凌乱。

一个空间中的摆件数量不宜过多

多个摆件饰品的色彩需协调

饰品摆件注意摆放的对称性

电视墙采用矮墙造型

矮墙作为电视背景能保持空间的连贯性，让餐厅与客厅之间隔而不断，显得宽敞开阔，十分适合长条形格局且面积不大的小户型居室。装修时建议最好暗埋一根 PVC 管，所有的电线或连接线路都可以通过这根管到达电视机的端口，归置整齐。预留备用插头，如果电器扩容也能从容应对。

选择合适尺寸的电视柜

选择电视柜时，主要考虑自己的电视机的具体尺寸，同时根据房间大小、居住情况、个人喜好来决定采用悬挂式或放置在电视柜上。通常如果沙发与电视墙之间的距离不大，可首先考虑采用悬挂式的方法；如果家中有小孩子或宠物，建议采用悬挂式，以保证安全性。

客厅布置照片墙

照片墙是装饰墙面的软装手法之一，成本小、操作快，但效果却往往有云泥之别，除了照片本身的风格差异以外，更重要的是照片排列布局。

在沙发后布置照片墙，应尽量选择形状规则的相框，悬挂时要注意留白的比例。对于空间较小的客厅来说，照片可以淡化墙的封堵性，因此可以让照片占据大部分墙面；而面积较大的客厅，如果把墙壁挂满照片，难免给人过于繁杂的感觉，因此可以保持大面积留白，用摆出具体造型的照片墙作为点缀。

照片墙的色彩搭配还要考虑相片本身的色彩。黑色和白色作为经典色，既可复古，也可现代。因此，如果担心太多彩色照片拼凑在一起会让墙面显得凌乱不堪，那么最简单的解决方案就是选择黑白照片，或者用黑白照片搭配少数几张彩色照片，来降低把控色彩的难度。此外，相较于人物主题的照片，一些建筑风景、植物、昆虫和小鸟的照片，更能实现风格和色彩上的统一。

小客厅可以布置满满一面照片墙

黑白照片墙与绿色墙面形成对比

黑白照片墙给客厅带来复古怀旧气息

TIPS

四类照片墙形式

宝宝照片墙：可以制作一面宝宝成长的照片墙，将宝宝从出生开始的一些照片组合起来，让他们长大以后还可以回味自己的童年。

个人照片墙：很多业主都会拍一些写真集，以更好地记录年轻时的自己。用这些照片来制作一面照片墙，极富生活气息。

全家福照片墙：把家里的全家福照片、成员的照片乃至亲戚的照片都可以放在一些，随时感受到一个大家庭的温暖。

出行时的照片：用旅游或者出差时跟建筑或者景点的合照制作一面照片墙，会展示出不同的风土人情。

过道

过道顶面设计

过道的顶面装饰可利用原顶结构刷乳胶漆稍做处理，也可以采用石膏板做艺术吊顶，外刷乳胶漆，收口采用木质或石膏阴角线，这样既能丰富顶面造型，又利于进行过道灯光设计。顶面的灯光设计应与相邻客厅相协调，可采用射灯、筒灯、串灯等样式。

楼梯下方的过道空间改造

楼梯下方与地面形成的三角形或者矩形空间可以设计为储藏或者景观等多种功能性区域。在提高空间利用率的同时，结合楼梯本身的结构和材质，也能达到美化视觉感官的效果。这里要注意的是，无论作为收纳空间还是作为景观，都要与周围的空间效果搭配，不能显得突兀。

在多数的家庭里，通常都将楼梯下方的空间作为储藏物品之用。例如，可以加装一扇门，里面摆上几个储物箱，分门别类地收藏东西。凡是空瓶、易拉罐及孩子们所丢弃的玩具，或是那些等着回收的报刊废纸，都可以放置在这个地方；此外，也可以考虑摆放植物，发挥装饰空间的作用；又或者摆放一些小家具，把此处布置成一个小型的休闲区也是不错的选择。

楼梯下方设计吧台休闲区

楼梯下方设计景观区

楼梯下方设计储物柜

TIPS

注意，有些业主把楼梯下方布置成餐厅、厨房、卧室等，其实是不适合的，因为人在楼梯下面会很压抑，而且容易碰伤，尤其是上下楼梯的声音会让人觉得心烦。

入户鞋柜悬空设计

一般家庭都需要有个入户鞋柜，但是很少有人进门脱了鞋子放进柜子里，所以久而久之，玄关的地面就会变得很乱。可以将鞋柜设计为悬空的形式，不仅视觉上会比较轻巧，而且悬空部分可以摆放临时更换的鞋子，使得地面比较整洁。要注意施工时应把悬空部分的高度定在15～20厘米，方便后期油漆和乳胶漆的制作。

入户过道的设计方式

进门过道处摆设换鞋凳

巧妙隐藏过道处的储物柜

入户后的过道实用功能不少，比如家里人回来，可以随手放下雨伞、换鞋、搁包。比较常见的做法是在实现上述功能的基础上，将衣橱、鞋柜与墙融为一体，巧妙地将其隐藏，外观上则与整体风格协调一致，与相邻的客厅或厨房的装饰融为一体。若空间不够，就在入门处放一张柔软的垫子、摆一张换鞋的凳子，也能起到很重要的作用。

如果是小户型空间的过道，首先要做的就是把整体亮度提高；只有视野开阔了，才不会让空间显得狭窄。可以将过道和其他功能区之间的隔墙拆除，改成完全开放型的格局，能够有效地将其他空间的光源引入过道部分，从而改善小空间的光照问题。

暖黄色灯光给过道带来温馨气氛

通过透明隔墙改善过道处的采光

入户过道如果太暗，很容易使人产生凌乱感。在选择照明时，吊灯或者壁灯既不会占用地面空间，又能带来明亮的光源。暖黄灯光是营造温馨气氛的高手，能营造出宾至如归的感觉。

过道地面材料选择

在过道地面装饰材料的选择上往往有个误区，认为过道的使用率高，地面要用耐磨的装饰材料。其实家里和公共场所不同，所以没有必要选择像玻化砖那样耐磨的材料，因为防滑才是最重要的。因此，大部分的地砖、强化木地板和实木地板，都可以用在过道的地面上。

卧室

卧室家具尺寸

卧室家具最好风格统一，不要胡乱混搭。尺寸也是必须考虑的问题，在摆放家具之前首先要考虑房间和床的宽度。一般平层公寓的卧室宽度为3300～3600毫米，正常床的长度为2050～2350毫米，电视柜的宽度为450～650毫米，再要预留出700毫米以上的宽度做过道。

简约风格卧室设计要点

卧室的设计并非一定由多姿多彩的色调和层出不穷的造型来营造气氛。大方简洁、清逸淡雅而又极富现代感的简约主义已经越来越受到人们的欣赏和喜爱了。想要用简约的设计风格给卧室带来轻松、温馨的家居氛围，浅色木地板、米色地毯、通透的大窗户及素色的墙面都是极好的搭配。

简约现代的卧室布置

利用抱枕的点睛活跃卧室氛围

简约风格卧室的墙面通常采用墙纸、乳胶漆软包或浅色木饰面板等材料。在选择墙面颜色时，首先要根据自己的爱好先确定一个大致的色系，再根据家具来确定具体的颜色，追求清新就选择浅色、冷色系，追求温馨就选择暖色系，想要突出现代感可以使用黑色、白色，也可以采用强烈的对比色突出效果。

冷色系卧室

暖色系卧室

如果觉得太简单，再安上一个简而不俗的床头灯，几个洁白无暇的瓷花瓶，点缀上些花草，一个简单的衣架，地上扔几本精美的杂志，那自然清新、舒适悠闲的空气就充斥了整个卧室。

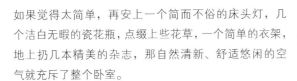

床上随意放几本杂志增加生活气息

床头灯兼具实用与装饰功能

卧室无主灯设计体现简约特点

卧室无主灯是极具现代风格的一种设计手法，但这并不等于没有主照明，只是将照明设计成了藏在顶棚里的一种隐式照明。这种照明方式其实比外挂式照明在设计上要求更高，装修时首先要吊顶，要考虑灯光的多种照明效果和亮度，吊顶和主体风格的协调，以及吊顶后对空间的影响。无主灯不等于省了主灯，而是让主灯服从于吊顶风格达到见光不见形，并让室内有均匀的亮度，见光而不见源。

如何让卧室看起来更显宽敞

卧室一般都比较小，而且要摆放的物品还比较多，所以经常会出现空间拥挤的问题。可以通过以下几点解决这个问题：

1. 空间布置尽量留白，即家具之间需要留出足够的空墙壁。

2. 碰到顶面的柜体，尽量放在与门同侧的那堵墙或者站在门口往里看时看不到的地方。

3. 在门口看得到的柜体，高度尽量不要超过 2.2 米。

4. 摆放的装饰品尽量规格小一些。比如，可以选择尺寸小一些的装饰画。

大面积留白让卧室显得更加宽敞

低矮家具增加空间的通透感

碰到顶的衣柜尽量放在与门同在的那面墙

床头墙上悬挂规格尺寸小一些的装饰画

TIPS

在装修面积较小的卧室时应该特别对房间的自然亮度予以保护。尽量避免高大家具对光线与通风的遮挡、使用高亮度浅色色彩作为房间的主基调、通过减少家具的数量来彰显空间感等都是相对简单又有效的提升卧室亮度的方法。

卧室色彩体现主人喜好

卧室的设计既要考虑整体风格的协调，又要彰显卧室主人个性，因此可以在保持家居风格
一致的前提下，在卧室里适当加入自己喜欢的色彩，建议加在墙面和床品、窗帘等软饰上，
方便日后更换，这样卧室既可以有别于其他共享空间，又能整体协调。

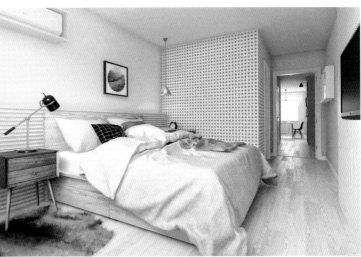

体现简约个性特点的两种睡床形式

圆床

选购睡床时业主一般首选方形的传统睡床,其实现代简约风格的卧室摆放圆床也是一个不错的选择。通常来说,圆床适合摆放在不规则格局的卧室中,既显得有情调,也非常舒适。另外,因为圆床比较占据空间,所以更适合面积比较大的卧室空间。圆床若与圆形吊顶上下呼应,会显得比较别致,可以形成一种协调感。但在设计时要注意吊顶中心基本和圆床中心重叠,因此主灯的选择不能太过复杂,否则躺在床上的人会感觉不舒服。

圆床适合搭配圆形吊顶   圆床体现简约时尚的特点

地台床

对于空间宽度比较窄的房间,放床可能不是最好的选择,因为床周边与墙之间的距离会很小,形成的空间既无使用价值,也不便于打扫。因此地台床是一个比较理想的选择,所有空间都可以充分利用,还不会有卫生死角。地台床对床垫的大小没有约束,可以选择1.8米或者2.0米等任何放得下的大小的床垫,制作地台床的基础最好用实木,当然人造板材也可以。当基础部分完成之后,表面可以用刷漆、实木贴皮和铺木地板等多种方式完成。

靠边摆放的地台床节省空间   书房中摆放地台床兼作客卧   地台床具有强大的储物功能

简约风格卧室冷暖色搭配得当

如果卧室根据设计要求使用一些不锈钢、镜面等材质，那么在软装上应尽量搭配得柔和一些。比如地面可以选用整体地毯铺设，而咖啡色调的床品既容易跟整体风格协调，又属于暖色系，可以营造出温情的感觉。

不同面积卧室的布置技巧

小面积卧室

面积小的卧室因为无法摆太多的家具，要特别考虑收纳的功能。譬如梳妆台兼五斗柜的设计，可以让空间看起来更开阔。另外，因为空间不大，所以更要保持空间的整齐性。床底下是很好的收纳空间，可以用来收棉被或是其他物品，避免堆放太多杂物而显得凌乱。

床头设计吊柜增加收纳空间

储物柜与书桌连体的设计

大面积卧室

大户型卧室摆放床时，可以选择两扇窗离得较远一点，中间墙面足够宽的区域，将床头放置在两窗之间靠墙的位置。在摆进床、衣柜及梳妆台后，仍有空间可以利用。可以加进单椅或是沙发，又或借此分隔出一个谈心的空间，既考虑到实用功能，也布置出别样浪漫的空间氛围。另外，大面积的空间，可在床的两边各摆一个较大的床头柜。床头柜不只具有美观功能，还兼具收纳实用性。

摆放床头柜增加装饰性与实用性

大面积卧室中摆放单人沙发

卧室顶面安装吸顶灯照明

很多业主会为卧室选用吸顶灯，因为这类灯具的高度合适，光照全面。但是在设计时最好不要将吸顶灯放在床中心上方的位置，那样换灯泡的时候就要在床上再加凳子，很不方便。此外，要注意卧室的整体色调不易过亮，否则容易刺激眼睛，从而影响睡眠。

卧室灯光运用技巧

卧室是全家人休息的私密空间，除了提供易于睡眠的柔和光源之外，更重要的是要以灯光的布置来缓解白天紧张的生活压力。一般卧室的灯光照明可分为普通照明、局部照明和装饰照明三种。普通照明供起居室休息；而局部照明则包括供梳妆、阅读、更衣收藏等；装饰照明主要在于创造卧室的空间气氛。

普通照明

在设计时要注意光线不要过强或发白，因为这种光线容易使房间显得呆板而没有生气，最好选用暖色光的灯具，这样会使卧室氛围较为温馨。注意普通照明最好装置两个控制开关，方便使用。

卧室适合选择暖色灯光

落地灯

台灯

局部照明

例如，在睡床两旁设置床头灯，方便阅读，灯光不能太强或不足，否则会对眼睛造成损害，泛着暖色或中性色光感的灯比较合适，如鹅黄色、橙色、乳白色等；梳妆台的局部照明可方便整妆，不少家庭大多在镜子上方置灯，其实这样容易产生阴影，在化妆镜两侧装灯才是最为明智的方法，但是要注意光线尽量与自然光接近。

装饰照明

在卧室中巧妙地使用灯带、落地灯、壁灯甚至小型的吊灯，可以较好地营造卧室的气氛。例如，不少卧室的床头都会设计一个装饰背景，通常会有一些特殊的装饰材料或精美的饰品，这些往往需要射灯烘托气氛。但需要注意的是，一定要选择可调向的射灯，灯光尽量只照在墙面上，否则躺在床上的人向上看的时候会觉得刺眼。

装饰小吊灯烘托卧室氛围

利用小吊灯代替床头壁灯

卧室铺设实木地板自然舒适

在选购地板时，无论从环保性还是实用性考虑，在没有特殊要求的情况下，尽量还是选用实木地板，自然舒适，脚感柔和。当然，如果室内铺设了地暖，那就只能采用复合地板、实木多层地板等这类耐高温的材料。

儿童房墙面的两种装修方式

贴墙纸

儿童视线较低，在墙面装修中就应该注意孩子的视角，如成人卧室墙面的腰线一般在 70～80 厘米，但是儿童房墙面的腰线就应该降低为 40～50 厘米。并且为了避免使孩子产生空间过高的感觉，可以对墙壁采取"三段"的装修方式，就是利用两道腰线将整个墙壁纵向分为三段。此外，男孩房间的墙纸建议以青色系列为主色，包括蓝色、青绿色、青色、青紫色等；女孩房间的墙纸建议以红色系列为主色，包括粉红色、紫红色、橙色等。黄色系列的墙纸则不拘性别，男孩和女孩都能接受。

分段式铺贴墙纸   适合男孩房的墙纸   适合女孩房的墙纸

涂鸦墙

每个孩子在成长的过程中都会在墙壁上涂涂画画，这时候家长都会因为抹不去的印记而苦恼，但阻止孩子的乱写乱画，又限制了孩子想象和创造的自由。为了满足年幼孩子涂鸦的需要，建议在儿童房设计涂鸦墙。考虑到幼童的身高，涂鸦墙不易过高，可按照墙裙的高度设计。做涂鸦墙最好是能先在墙面上用奥松板做基层，再涂刷黑板漆，只要用微湿的抹布一擦，就会把乱写乱画的东西擦掉，省时又省力。

  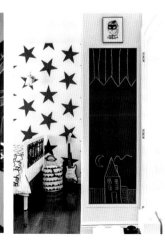

卧室床头柜搭配技巧

床头柜应与床保持一致的高度或略高于床，距离在 10 厘米以内。如果床头柜放的东西不多，可以选择带单层抽屉的床头柜，不会占用多少空间。如果需要放很多东西，可以选择带有多个陈列格架的床头柜，陈列格架可以陈列很多饰品，同样也可以收纳书籍等其他物品，完全可以根据需要再去调整。如果房间面积小只想放一个床头柜，可以选择比较独特的床头柜，以减少单调感。

卧室花艺与绿植布置

卧室是一个温馨的空间，摆放花艺应该让人感觉身心愉悦。卧室适宜摆放略显宁静的小型盆花，如文竹等绿叶植物类，也可摆放君子兰、金橘、桂花、满天星、茉莉等。床头柜上可摆放小型插花；高几上、衣柜顶部可摆放下垂型的插花；向阳的窗台上可摆放干花或人造花制作的插花。

老人的卧室应突出简洁、清新、淡雅的特点，要本着方便行动、保护视觉的目标选择观赏价值高的插花进行装饰。

儿童的卧室应突出色彩鲜艳、趣味性强的特点，宜选用色彩艳丽、儿童喜爱的花材插花，但由于少年儿童好动，要注意花艺装饰的安全性，尽量少用或不用壁挂插花，不用有刺的花材。

婚房的卧室插花应突出温馨、和谐的特点，以红玫瑰、蝴蝶兰、卡特兰、茉莉花、百合花、满天星等带香味的花材为主。红暖基调的新房宜采用白色、金色或绿色的花材；淡雅基调的新房宜采用暖色调的花材。

床头柜是最适合摆放卧室花艺的地方

玻璃花瓶适合插放形态简洁的花艺

床头边的花艺给卧室带来乡村自然气息

花艺的色彩还能起到点睛的作用

卧室飘窗设计

卧室飘窗台面一般建议使用天然的非酸性石材，台面的下方可以做成一排悬空的抽屉柜，用来储存小物品的同时也不占用空间，还能兼具写字台的功能。这里需要注意的是，在安装这类抽屉柜时，最好增加角铁进行固定，这样会比较安全。

卧室挂画的技巧

卧室是主人的私密空间，装饰上追求温馨浪漫和优雅舒适。除了婚纱照或艺术照以外，人体油画、花卉画和抽象画也是不错的选择。

另外，卧室装饰画的选择因床的样式不同而有所不同。线条简洁、木纹表面的板式床适合搭配带立体感和现代质感边框的装饰画。柔和厚重的软床则需选配边框较细、质感冷硬的装饰画，通过视觉反差来突出装饰效果。

卧室装饰画的尺寸一般以50厘米×50厘米、60厘米×60厘米两组合或三组合，单幅40厘米×120厘米或50厘米×150厘米为宜。在悬挂时，装饰画底边离床头靠背上方15～30厘米或顶边离顶部30～40厘米最佳。

儿童房的空间一般都比较小，所以选择小幅的装饰画做点缀比较好，太大的装饰画就会破坏童真的趣味。装饰画的题材以卡通、植物、动物为主，能够给孩子们带来艺术的启蒙及感性的培养。装饰画的彩色应尽量明快、活泼一些，营造出轻松欢快的氛围。注意，在儿童房中最好不要选择抽象类的后现代装饰画。

三联画是卧室最常见的选择

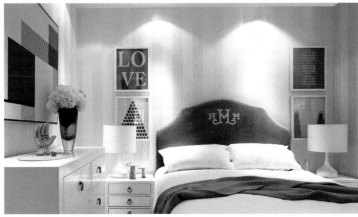

卧室装饰画的色彩要和家具相呼应

儿童房宜挂卡通题材的装饰画

儿童房的床靠墙摆放腾出空间

相比大人的房间，儿童房需要具备的功能更多，除睡觉之外，还要有储物空间、学习空间及活动玩耍的空间，所以需要通过设计使得儿童房空间变得更大。可以把床靠墙摆放，使得原本床边的两个过道并在一起，变成一个很大的活动空间，而且床靠边对儿童来讲也是比较安全的。

儿童房灯光设计

儿童房里一般都以整体照明和局部照明相结合来配置灯具。整体照明用吊灯、吸顶灯为空间营造明朗、梦幻般的光效；局部照明以壁灯、台灯、射灯等来满足不同的照明需要。所选的灯具应在造型、色彩上给孩子一个轻松、充满意趣的光感，以拓展孩子的想象力，激发孩子的学习兴趣。灯具最好选择能调节明暗或者角度的，夜晚把光线调暗一些，增加孩子的安全感，帮助孩子尽快入睡。

书房

长书桌的设计

一个长长的书桌可以给两个人提供同时学习或工作的机会，并且互不干扰。一般家庭书桌的宽度在 55 ～ 70 厘米，高度在 75 ～ 85 厘米比较适中。如果家里采用两人书桌，长度可以尽量放得长一点；吊柜的高度距离书桌高度尽量保持在 45 ～ 60 厘米。

书房家具布置技巧

书桌的摆放位置与窗户位置很有关系，一要考虑灯光的角度，二要考虑避免电脑屏幕的眩光。面积比较大的书房中通常会把书桌居中放置。小户型的书房将书桌设计在靠墙的位置，比较节省空间，但是由于桌面不会很宽，坐在椅子上的人脚一抬就会踢到墙面，如果墙面是乳胶漆的话就比较容易弄脏。设计的时候应该考虑墙面的保护，可以把踢脚板加高，或者为桌子加个背板。

大户型书房的书桌居中摆放

小户型书房的书桌靠墙摆放

还有很多小书房是利用角落空间设计的，这样就很难买到尺寸合适的书桌和书柜，定做是一个不错的选择。不仅可以现场制作，也可以找工厂定制，材料也有很多种可以选择，如实木、烤漆面板和双饰面板等。

书柜一般沿墙的侧面平置于地面，或根据格局特点起到隔断空间的作用。如果摆放木质书柜，尽量避免紧贴墙面或阳光直射，以免出现褪色或干裂的现象，减短使用寿命。

利用角落空间定制书桌

书柜起到隔断作用

TIPS

利用角落空间把书桌设计在窗边，采光会比较好。设计时需注意，如果书桌高于窗台，那么桌面就不能顶到窗户，否则桌面以下的窗户部分就没有办法遮挡，可以在桌面与窗户之间留出与窗帘盒同宽度的空间。

书房内增加榻榻米

在小面积书房的设计中，如果需要功能的多样性，可将靠墙一块位置设计成榻榻米，既能满足睡觉的需求，也可充当一个玩乐区，最重要的是可以增加更多的储物空间。因为榻榻米下面需要存放物品，所以地台的高度也是非常重要的，一般高度控制在 35 ～ 45 厘米，太低了存放物品有限，太高了会影响空间高度，给人压抑感。榻榻米表面应使用一块整板，最好不用拼接的板子，这样就不会有高低不平的情况，也没有裂纹，看上去更美观。

书房中如何搭配书柜与书架

书柜的形式主要有单体式、组合式和壁柜式三种。书柜的高度通常在 1.8 米左右，通常由地面至 78 厘米左右高度为封闭式，收藏不经常取阅的书籍，78 厘米以上高度多采用通透或开敞式，存放常用的书籍，取用时既方便，又不用常常弯腰屈背，同时还可以摆放装饰品点缀空间。书柜的深度一般为 25 厘米左右，若作单体的书柜形式可放宽至 30 厘米左右。宽度可视需要自由确定，但若以木质形式，宽度一般不宜超过 1 米，以避免搁板弯曲。

壁柜式书柜

入墙式书柜节省空间

书少的家庭可以不采用书柜，而选择陈设感较强的书架。书架往往还具有隔断或展示陈列品的作用。

如果是书多的家庭选择书架，就需要考虑很多实用的问题，比如是否加滑动门来防尘，是否需要梯子来登高整理书籍，是否带柜体嵌入灯来补充照明。更重要的是，要考虑书架的承重能力，这主要看层板的厚度和跨度。

1.5 厘米的层板是最薄的，跨度超过 80 厘米，书太重就容易产生弯板的现象；而跨度到 120 厘米，就要用 2.5 厘米厚的层板了。

书架兼具隔断与展示的功能

书桌的桌面上方预留插座

一般书桌上都会摆放电脑、音响和其他一些办公设备，但多数人都只考虑在书桌的下方留插座，其实在桌面的上方也同样需要留插座，方便笔记本电脑使用或者手机充电等。需要注意的是，桌面上方的插座下口的高度要高过桌面至少 10 厘米，否则有些三控插头不方便使用。

餐厅

黄蓝对比色运用表现青春活力

蓝色是天空的颜色、大海的颜色，用在家居空间中，令人产生一种自由、辽阔的感觉；黄色清新、温暖，富有生命力的活泼朝气。清爽鲜亮的蓝色搭配温暖属性的黄色，清新宜人，具有青春的活力。软装布置中，蓝色配合黄色，一个宁静文雅，一个活泼奔放，可以碰撞出意想不到的视觉美。

简约风格的餐厅设计

现代简约风格在餐厅中主要表现在没有多余的装饰，没有任何繁复的东西，简单实用，但细腻而又有韵味。在空间设计上以简单的纯几何形的组合构成手法，将点、线、面有机结合。灯光设计遵循导向性，地面设计简洁明了，家具造型多以直线条为主。

线条简洁的简约风格餐厅

小户型空间适合把餐厅和厨房合并在一起

现代简约风格的餐厅在选择餐桌椅及吊灯时，可以在白色和黑色中进行挑选。如果家中墙面以白色为主的话，在铺设地板时就可以选择色彩暗沉一些的，这样能增强空间的层次感。喜欢通透和连贯性的业主在设计格局时可以将餐厅、客厅、厨房安排在一起，三者之间不一定要有实际意义上的隔断，但是一定要有一段距离的留白，这样三者的功能才能划分得比较明显。

吧台式餐桌

通过后期软装为简约风格餐厅增彩

黄色作为强调色活跃深色餐厅的氛围

作为四个心理学基色之一、黄色在众多的搭配中特别显眼。黄色是所有色相中最能发光的颜色。黄色的家居设计给人轻快、透明、辉煌、充满希望的色彩印象。

划分出独立餐厅空间的几种形式

通过吊顶造型分隔餐厅和客厅

通过地面材质划分出餐厅空间

有些小户型住宅并没有独立的餐厅，有的是与客厅连在一起，有的则是与厨房连在一起，在这种情况下，
可以通过一些装饰手段来人为地划分出一个相对独立的就餐区。

例如，通过吊顶，使就餐区的高度与客厅或厨房不同。

通过地面铺设不同色彩、不同质地、不同高度的装饰材料，在视觉上把就餐区与客厅或厨房区分开来。

通过不同色彩、不同类型的灯光，来界定就餐区的范围。

通过屏风、珠帘等隔断，在空间上分割出就餐区。

通过墙面造型分隔餐厅与客厅

通过不同类型的灯光界定餐厅空间

通过移门分隔餐厅与厨房空间

餐厅家具的尺寸设计

餐椅的宽度大约为 50 厘米，人站起来和坐下时需要 30 厘米的距离，因此餐桌周围至少要留出 80 厘米的空当。一般情况下，餐桌的高度为 70 ~ 75 厘米，椅子高 45 厘米，椅子面和桌面之间的距离为 20 ~ 30 厘米。每个人就餐需要 60 厘米的高度，两人之间相隔 10 ~ 15 厘米最舒服。

圆形图案给餐厅带来美好寓意

相较于方形餐桌的中规中矩，圆形餐桌更显得亲切温馨，代表了中国人和谐圆通的处世观。在这样的餐桌上，无论坐在哪一个位置，都能够看到家人在品尝美食时满足而愉悦的表情。而且，在有限的空间中，可以选择能够折叠起来的圆形餐桌，当不用的时候，放在角落里，完全释放空间容量。如果家里家庭成员比较多的话，一般公寓房的餐厅宽度是 2.7 米，可以购买直径为 1.2 米左右的圆桌；如果是宽度为 3 米的餐厅，可以考虑直径为 1.35 米的圆桌。

圆形餐桌与上方的圆形灯具相呼应

小户型餐厅同样适合摆放圆形餐桌

圆形餐桌更显温馨

另外，如果使用圆桌，顶面造型最好是圆形的石膏板吊顶或圆形的石膏线条，这样上下会比较呼应。如果地面要做拼花处理，也可以选择圆形的拼花图案进行搭配，这样整个空间的整体性更强。需要注意的是，圆形的吊顶一般适合不规则形状或者是梁比较多的餐厅，这样能够很好地弥补餐厅不规整的缺陷。

TIPS

在制作圆顶吊顶的过程中，不只是在石膏板上开个圆形的孔洞那么简单。除了石膏板常用的辅材以外，还需要想办法加固圆形，不然时间长了，吊顶会容易变形。一般会选择用木工板裁条框出圆形，用木工板做基层，再贴石膏板，这样做成的圆形会比较持久，也是一种常见的工艺。

圆形吊顶搭配圆形餐桌

餐桌与餐厅的空间比例要适中

购买餐厅家具的时候要根据自家的实际情况，留出家人走动的动线空间，一般动线的距离控制在 70 厘米左右比较舒适，当然也要根据具体情况来定。如果餐厅空间比较大，餐桌也最好大一点。但要注意餐桌与餐厅的空间比例一定要适中，餐桌太大会显得餐厅空间拥挤，餐桌太小也会显得小气。

卡座设计的形式节省空间

在餐厅空间不是很宽裕的情况下，采用卡座形式和活动餐桌、椅的结合是个不错的选择，因为卡座不需要挪动，所以反而能节省较多的空间，而且卡座下面的空间也是储物的好去处。一般来说，卡座的宽度要求在45厘米以上。如果卡座在设计的时候考虑使用软包靠背，那么座面的宽度就要多预留5厘米。同样，如果座面也使用软包的话，那么木工在制作基础的时候也要降低5厘米的高度。卡座的靠背和坐垫采用布艺软包，坐感会比较舒服，但要考虑到后期的打理问题。所以设计上尽量考虑深一些、比较耐脏的颜色，材质也尽量选用后期可以干洗的类型，一般的高档沙发面料都可以。

卡座加上坐垫后增加舒适感

TIPS

1. 如果餐厅是一个角落或者比较狭小，那么就可以考虑一下一字形的卡座设计；对于小户型来说这是个非常棒的解决方案。

2. 二字形的卡座适合以下情况的餐厅：比较狭长的、半独立小空间，通过卡座的设计，可以达到空间的美化与利用。

3. L形的卡座对于把餐厅安排在一个小角落的户型来说，也是相当完美的解决方案。

4. 如果空间稍大，L形或二字形的卡座可以加宽升级成U形的，这样的设计对于人口较多的家庭比较有优势。

U形卡座

L形卡座

一字形卡座

餐厅墙上安装搁板

餐厅墙上安装搁板可以摆放餐具和装饰品，在选择时除了考虑与整体设计风格的搭配外，还应特别注意搁板的规格和材质、搁板上可放置物品的重量及墙壁的种类。建议支架以木料或金属制作，有多种规格和颜色可供选择。通过它们，使用螺钉就可以把搁板很好地固定在墙壁上。支架的长度不要少于搁板宽度的2/3。

小户型餐厅的三种餐桌布置形式

面积紧张的小户型有时连独立的餐厅空间都难以实现，但这并不影响小户型用餐空间的打造。

餐桌靠墙摆放

很多人的家里餐厅都是与客厅或者厨房共用一个大空间的，因为实在是没有多余的地方来为餐厅开辟单独的空间。为了节省餐厅极其有限的空间，将餐桌靠墙摆放是一个很不错的方式，虽然少了一面摆放座椅的位置，但是却缩小了餐厅的范围，对于两口或三口之家来说已经足够了。

餐桌靠墙摆放节省空间

餐桌摆在厨房中

餐桌摆在厨房中

餐桌摆在厨房中，可以在就餐时上菜，快速简便，能充分利用空间，较为实用。只是需要注意，不能使厨房的烹饪活动受到干扰，也不能破坏进餐的气氛。要尽量使厨房和餐厅有自然的隔断或使餐桌布置远离厨具，餐桌上方应设照明灯具。

吧台代替餐桌

开放式厨房的吧台同时也可以作为餐桌，打造一物多用的理念，既将空间进行了充分的利用，又表现出新潮实用的特性，把自娱自乐的饮食生活在私密的厨房空间里完美实现。

利用吧台做餐桌

小户型餐厅适合选择方桌

方桌适合相对较小的户型，比较省空间，也比较好用，如果家里只有两三个人，方桌是一个比较不错的选择。但如果家里人多，需要使用比较大的方桌，就会造成一定的不便。餐厅常用的方桌一般为76厘米×76厘米的方桌和107厘米×70厘米的长形桌。

餐厅地面材质的选择

瓷砖

在不少家庭中，餐厅和客厅或者厨房是相连的。客厅通常会铺设地砖，在餐厅中也可使用同样的材质。现在有不少防滑地砖，美观大方，耐使用的寿命也长，用浅色系会让餐厅显得比较敞亮。

地砖拼花增加餐厅的装饰感

米色系地砖是简约风格餐厅的首选

地砖与家具的颜色相得益彰

复合地板

但若是客厅与餐厅有一定的隔断，也可在餐厅选择强化复合地板，同样方便清洁。如果担心相邻的厨房会带出油渍弄脏了餐厅的地面，那么可以在厨房门口加放蹭脚垫来保证餐厅清洁。

复合地板铺设的餐厅地面

餐厅与客厅的地面连成一体

波打线围合出餐厅区域

波打线打破单色瓷砖的单调感

波打线

在一些面积相对较大的餐厅中，也会用到波打线。波打线又叫走边，它是采用和地砖主体颜色有些区分的瓷砖加工而成的，一般用深色的瓷砖加工为主。波打线的作用，一个是为了美观，另一个是铺设地砖时如果差一点可用波打线代替。但要注意，小餐厅的地面没必要用波打线，因为基本上都会被家具压住。

TIPS

餐厅地面材质的运用一直是装修之初重点考虑的问题，一般建议年轻家庭和有儿童的家庭使用地砖。因为年轻人都比较忙，儿童则会经常把饭菜弄到地面，地砖就比较容易打理。如果实在想使用地板，建议考虑复合地板和实木多层板等。

嵌入式餐边柜的收纳方式

如果餐厅空间比较狭窄，为了节省空间面积，可以把餐边柜嵌入墙体里，用柜体代替墙体厚度。施工时要注意，在墙体拆除后，应将墙体两侧尽量粉饰垂直，这样把柜体框架放入后，墙体和柜体板的接缝就会比较小，再用实木线条盖在缝隙上收边。柜体背面可用木龙骨与石膏板的单面隔墙。如需考虑隔声，可放置隔声棉。

餐厅灯光设计烘托用餐氛围

家中的餐厅照明，除了注重功能性，也要加强艺术性。如果一味追求单一层次的照明，会让空间显得空洞，因此餐厅照明不只要有足够的亮度，能让我们清楚地看到食物，色调也要柔和、宁静，并与周围的环境、家具、餐具匹配，构成一种视觉上的整体美感。

照明配置前，必须先思考该区域最重要的功能是什么。餐厅灯光除了要让空间够亮，最好还能营造温暖的气氛，增加食欲，此时就要靠间接光源烘托用餐的氛围，这也是大家喜欢采用吊灯的原因。不过，简约风格餐厅在选购吊灯时，以形式简单、易清洁为主。

简约风格的餐厅吊灯

层高较低的餐厅应尽量避免采用吊灯，否则会让层高看起来更低，不小心甚至还会经常发生碰撞。这时筒灯或吸顶灯是主光源的最佳选择。层高过高的餐厅使用吊灯不仅能让空间显得更加华丽而有档次，还能缓解过高的层高带给人的不适感。

空间狭小的餐厅里，如果餐桌是靠墙摆放的话，可以选用壁灯与筒灯的光线进行巧妙配搭，能营造出精致的环境效果。空间宽敞的餐厅选择性会比较大，用吊灯作主光源、壁灯作辅助光是最理想的布光方式。

长形的餐桌既可以搭配一盏长形的吊灯，也可以用同样的几盏吊灯一字排开，组合运用。前者更加大气，而后者更显温馨；如果吊灯形体较小，还可以将其悬挂的高度错落开来，给餐桌增加活泼的气氛。

此外，如果用餐区域位于客厅一角的话，选择灯饰时还要考虑到跟客厅主灯的关系，不能喧宾夺主。用餐人数较少时，落地灯也可以作为餐桌光源，但只适用于小型餐桌，同时选择落地灯款式时要注意跟餐桌的搭配。

单盏吊灯

高低错落的吊灯

发散形吊灯

TIPS

餐厅吊灯的种类繁多，对设计之初的要求也越来越高，特别是电源的预排。很多工人师傅在先期只会排一组电源在餐厅顶部，这样对后期餐灯的选择就比较局限。所以建议在装修之前就去看好灯，这样在装修的时候就可以知道需要预埋几组电源。

餐厅挂画增添用餐气氛

餐厅挂画的色彩要与家具相呼应

餐厅是一家人吃饭的空间，装饰画的色调应柔和清新，画面干净整洁，无论是质感硬朗的实木餐桌还是现代通透的玻璃餐桌，只要风格、色彩搭配得当，装饰画就能与餐桌营造出相得益彰的感觉，给人带来愉悦的进餐心情。

餐厅挂画有很多技巧，首先画作的用色应与墙色有关。此外，画作里的主题、风格、生活形态，也应呼应整个空间，尤其是离挂画最近的那件家具。

餐厅一般可搭配一些人物、花卉、果蔬、插花、静物、自然风光等题材的挂画，吧台区还可挂洋酒、高脚杯、咖啡等现代图案的油画。当餐厅与客厅一体相通时，装饰画最好能与客厅配画相协调。

TIPS

餐厅装饰画的尺寸一般不宜太大，以60厘米×60厘米、60厘米×90厘米为宜，采用双数组合符合视觉审美规律。挂画时建议画的顶边高度在空间顶角线下60~80厘米，并居餐桌中线为宜。

静物油画

抽象装饰画

地毯在餐厅中的应用

地毯对餐厅来说功用很特殊，尤其对于铺设木地板等易刮滑地面材质，或餐桌椅采用不锈钢的家庭来说，经常移动餐桌椅对地面的磨损非常厉害，地毯可以有效减少这种磨损，延长地板的使用寿命。但是地毯中有时会含有一定的甲醛，购买时需注意是否达到标准。此外，地毯的尺寸一般大于餐桌加餐椅的尺寸。如果拉开椅子后餐椅在地毯外，既不美观，也不舒服。最后还要注意经常挪动一下餐桌位置，避免在地毯上压出难以恢复的痕迹。

一块色彩鲜艳的地毯为素色餐厅增添活力

餐厅铺设地毯增加暖意

TIPS

因为餐厅使用比较频繁，很有可能会有东西掉落，为了方便挪动椅子，平织或低桩地毯是餐厅的最佳选择。

餐厅中的软装花艺布置

餐厅布置的花艺不能太大，要选择色泽柔和、气味淡雅的品种，同时一定要有清洁感，不影响就餐人的食欲。常用的有玫瑰、兰花、郁金香、茉莉等。

餐厅花艺一般装饰在餐桌的中央位置，不要超过桌子1/3的面积，高度在25～30厘米。如果空间很高，可采用细高型花器。一般水平型花艺适合长条形餐桌，圆球形花艺用于圆桌。

餐厅摆放植物以立体装饰为主，原则上是所选植物株型要小。如在多层的花架上陈列几个小巧玲珑、碧绿青翠的室内观叶植物，如观赏凤梨、豆瓣绿、龟背竹、百合草、孔雀竹芋、文竹、冷水花等，也可在墙角摆设黄金葛、马拉巴粟、荷兰铁等观叶植物。

高型银色花器表现出轻奢气质

餐厅适合色泽柔和的花艺

花艺与餐具的颜色相得益彰

卫浴

壁挂式马桶节省卫浴空间

壁挂式马桶可以实现马桶的移位，而且节省空间，不留卫生死角，清洁十分方便，让卫浴间变得更整洁。但需要注意的是，壁挂式马桶的安装高度，一定要适合业主的使用高度，这个需要在墙内固定金属支架的时候就要确定好。

卫浴间墙面设计

卫浴间采用浅色墙地砖可以增加空间的亮度，但是易脏与难清理等问题也随之而来，所以在自然光照要求不是特别高的卫浴间里，选用深色墙地砖无疑是一个不错的选择，在很好地解决难打理问题的同时，搭配白色的釉面洁具，更增添一分神秘。

如果觉得卫浴间有些单调，可以通过主题墙设计来改变现状。大多数的洁具都为白色，为了突出这些主角，可以将墙面瓷砖换成淡黄色、淡紫色甚至造型别致的花砖，都会有意想不到的效果。

深色墙地砖容易清洁与打理　　　　　　　　　深浅色的对比丰富空间的层次感　　　　　　利用花砖点睛

在卫浴间使用较多的马赛克也能达到很强的装饰效果。除了传统的灰色、黑白色之外，彩色的玻璃马赛克也可以用于墙面，不仅美观，而且更显和谐之美。

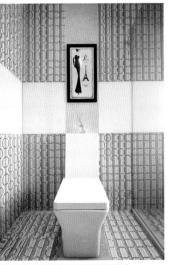

黑白灰马赛克装饰墙地面　　　　　　　　利用马赛克拼花增加卫浴间的装饰感

TIPS

注意深色砖的填缝容易看起来很脏，一般都需要经过美缝处理，不过价格比较贵。所以，建议业主在装修完以后再进行填缝，填缝剂里加些乳白胶，可以有效地防止白缝变黑缝。

悬挂式台盆柜节约空间

卫浴间使用了悬挂式的台盆，显得轻巧灵动并且容易打理地面，避免了卫生死角。
但对于悬挂式台盆柜，需要注意几个问题：一是墙面的固定要牢固；二是台盆柜的
落水采用墙排比较美观，在做水电施工的时候就要考虑进去。

卫浴间安装镜柜增加收纳

卫浴间如果储藏空间比较小，尽量安装镜柜，它是最节省地方的收纳空间；同时如果台面比较宽的话，镜柜能缩短镜子与人脸的距离，这样能看得更清楚一些。通常做镜柜的话就不用安装镜前灯了，可在镜柜的上下方藏入光带，还可以在台盆柜的正上方添置射灯。镜柜的材质有很多种。卫浴间一般来说都较为潮湿，所以在选购时一定要注意选用防潮材质的浴室镜柜。镜柜根据功能分为双开门式、单开门式、内嵌式等，需要根据墙面大小选择适合的功能模式。

镜柜的深度一般为 20 厘米，离台盆柜的高度在 40 ~ 45 厘米。镜柜的柜门上下都要比柜体本身超出约 5 厘米，这样一来可以遮挡住灯带，比较美观；二来镜柜也不需要另外设拉手。

对称设计的镜柜

镜柜上方安装射灯

单开门式镜柜

双开门式镜柜

卫生间悬挂装饰画的技巧

卫生间的面积虽不大，但是一两幅装饰画能柔和满贴瓷砖的冰冷感。装饰画的画面内容以清新、休闲、时尚为主；色彩应尽量与卫浴间瓷砖的色彩相协调；画框可以选择铝材、钢材等材质。以起到防水作用；装饰画面积不宜太大，数量也不宜多，点缀即可。